Divulgación Científica

Tercer Volumen del Décimo Libro de la Serie

365 Selecciones.com

Pedro Daniel Corrado

Este tercer tomo pertenece al Décimo Libro de la Colección 365Selecciones.com, en donde trataremos temas de Divulgación Científica. Los primeros nueve libros de la misma son los 365 Cuentos Infantiles y Juveniles, Poesías Clásicas y Libros Célebres, disponibles en el mismo sitio de internet.

En este décimo libro estaremos publicado lo relacionado con los descubrimientos científicos. La lectura como permanente ejercicio ayuda a disciplinar nuestro intelecto y nuestro espíritu, dotándolos de gran precisión para expresar nuestras propias ideas, y fortalecer de esta manera nuestra independencia de criterio.

Muchas de las ilustraciones son únicas y de gran valor artístico.

Los otros libros de la Colección incluyen Cuentos Sagrados; Cuentos de la Naturaleza; Cuentos de Reyes y Reinas, Princesas y Príncipes; Cuentos Variados; Cuentos de Hadas, Duendes y Gnomos, Cuentos Heroicos, Poemas Clásicos y Libros Célebres. También estaremos publicando libros de Arte. Estoy convencido de que toda la colección será un verdadero Tesoro que sus hijos agradecerán toda su vida.

También será un regalo para Usted mismo, ya que le permitirá completar su formación profesional, ya que quedará sorprendido por varios de los tomos científicos que publicaremos, por su exposición didáctica y original, abierto a todos los públicos.

ISBN-13: 978-1523986194 / ISBN-10: 1523986190

Es el acceso directo al conocimiento

EDITORIAL HIGHWAY ES PROPIEDAD DE PATH SOCIEDAD ANÓNIMA ARGENTINA

Editorial HIGHWAY es un emprendimiento de PATH Sociedad Anónima, Argentina. Nos ocupamos de editar y difundir contenido Cultural, Educativo, Científico y Tecnológico de gran calidad pedagógica que forma la base del aprendizaje de toda persona que quiera cultivarse, al mismo tiempo que se entretiene.

Estamos interesados en editar todo tipo de material que profese una alta calidad espiritual e intelectual, que ayude a la niñez y a la juventud, así como a las personas adultas y mayores, en la permanente formación de valores cristianos, y que impulse el espíritu de independencia de criterio y solidez interpretativa, fomentando al mismo tiempo la educación continua.

Estaremos gustosos de recibir sus correos, así que no dude en escribirnos.

Vea todas las Novedades en nuestro sitio www.365selecciones.com

Correo Electrónico: info@365selecciones.com

PATH SOCIEDAD ANONIMA DE ARGENTINA

Clave Fiscal: 30-64999935-6

HIGHWAY es marca registrada de PATH Sociedad Anónima Nº 1.789.936 para la Clase 38

CONTENIDO

DEDICACION

Deseo dedicar toda esta obra a mi madre Alcira Sorani, quien siempre fue mi sostén en todo momento, y a Ekaterina Shiyko quien me alentó en la recopilación. Deseo dedicarla también a los Sagrados Corazones de Jesús y la Virgen María, a San Alberto Magno, Santo Tomás de Aquino, San Ignacio de Loyola, y a todos los mártires cristianos.

RECONOCIMIENTOS

Deseo las mayores bendiciones espirituales y materiales para todos mis maestros, profesores, amigos y bienhechores. Un especial recuerdo para el Dr. Luis Enrique Smidt, quien me ayudó y guió en mis comienzos como profesional independiente, así como a la Dra. Viviana Andrea Lerchundi y la Dra. Estela Marta Coria. A mi querida hermana Graciela Alcira y Carlos Martín Erwin Neumann, ambos amigos y socios. Un especial reconocimiento para Walter Montgomery Jackson a quien solo conocí a través de múltiples lecturas que formaron la base de muchos de mis conocimientos.

.

LOS HOMBRES QUE DESCUBRIERON LA ELECTRICIDAD

LA electricidad es una de las fuerzas más maravillosas que la naturaleza ha puesto al servicio del hombre; no obstante, su esencia nos es enteramente desconocida. Los hombres saben servirse de la fuerza de los animales; hacer que el viento impulse los buques por la superficie del océano; aprovechar la energía contenida en el carbón; producir vapor, que ha hecho cambiar la faz del mundo.

Pero la electricidad es mucho más que todas estas cosas. Con ella puede hacerse casi todo: alumbra las ciudades, suministra la energía necesaria para levantar los mayores pesos, arrastra trenes y tranvías, guisa la comida, sana a los enfermos y nos mata, si nos descuidamos. Se halla en todos los cuerpos en estado de reposo, y basta que la excitemos para que dé señales de su presencia, y podamos apoderarnos de ella para emplearla como mejor nos parezca. Es tanta su utilidad, y tan maravillosos son sus efectos, que parece mentira que haya existido en el cielo y en la tierra durante millares de años sin que los hombres advirtieran su presencia.

Su mismo nombre nos recuerda el misterio de que vivió rodeada por espacio de muchos siglos. Un sabio, llamado Tales, que floreció cerca de 100 años antes de Cristo, advirtió que cuando se calentaba el ámbar, friccionándolo con otro cuerpo, adquiría el extraño poder de atraer pedacitos de pluma y otros cuerpos ligeros. Se cuenta que en los tiempos antiguos las mujeres de Siria utilizaban esta rara propiedad del ámbar para quitarse las hojas, pajas y demás objetos que se les adherían a las ropas.

Un ilustre escritor, llamado Plinio, que nació el año 62 y murió hacia el 114 de nuestra era, escribió acerca del ámbar y sus cualidades, comparándolo con la piedra imán, cuyas propiedades eran ya bien conocidas entonces. Todos sabemos que la piedra imán es un mineral que, si se le suspende libremente de un hilo, uno de sus extremos se dirige invariablemente hacia el Polo Norte, y el otro hacia el Polo Sur, y posee además la propiedad de atraer a otros metales. Otra cosa sabía Plinio, y era que cierto pez puede producir descargas eléctricas lo suficientemente intensas para causar gran daño a una persona. Pero jamás le pasó por la mente que existiera la menor conexión entre el poder del ámbar, el pez y la piedra imán.

Hasta ya bastante avanzado el siglo XVI, o empezó el mundo a interesarse realmente por la electricidad. En aquella, época, un tal Guillermo Gilbert, persona muy estudiosa, y médico de cámara de la reina Isabel de Inglaterra, procedió personalmente a realizar algunos experimentos con algunas substancias, a fin de descubrir si, a semejanza del ámbar, adquirían, al ser frotadas, la extraña propiedad de atraer a otros cuerpos; logrando comprobar que muchas de ellas, como el azufre, el lacre, la goma, la resina, la sal gema, y otros varios cuerpos poseen el poder de atraer los metales, las piedras, las tierras, los fluidos y aun el humo, cuando es espeso

EL DOCTOR GILBERT, QUE DIÓ A LA ELECTRICIDAD EL NOMBRE QUE TIENE

Como Gilbert fué el primer hombre que estudió la cuestión a fondo, tuvo que inventar un nombre para designar aquella fuerza que lograba excitar en los expresados objetos; y, como el ámbar fué la primera substancia en que se manifestó ese poder de atracción, y en griego dicho cuerpo se llama elektron, el físico inglés dió el nombre de electricidad a la fuerza que el calor y la fricción suscitaban en los cuerpos por él ensayados. Gilbert, a quien suele llamarse el padre de la electricidad, vivió 63 años; falleció en 1603.

Su vida fué en extremo provechosa para el mundo, porque desde que comenzó sus descubrimientos relativos a la electricidad, nuestros conocimientos de ella han venido aumentando considerablemente de año en año.

Le siguió un irlandés, Roberto Boyle, hijo del conde de Cork, nacido en Munster, en 1627, 24 años después de la muerte de Gilbert. Desde su más tierna edad dió muestras de rara aplicación y gran aprovechamiento; a los diez años estudió el álgebra con el único fin de ejercitar su inteligencia. Inventó la famosa máquina pneumática, y enseñó a la humanidad todas las propiedades del aire. Demostró que la electricidad permanece por espacio de algún tiempo en los cuerpos después de haber cesado el rozamiento, y añadió nuevos nombres a la relación de los que pueden electrizarse. El mero hecho de dedicarse él al estudio de la electricidad bastó para que otros hombres fijasen también en ella su atención, pues gozaba de gran predicamento, especialmente entre los personajes ilustres del continente europeo.

OTÓN DE GUERICKE, INVENTOR DE LOS CÉLEBRES HEMISFERIOS DE MAGDEBURGO

Falleció Boyle en 1691, cinco años después de la muerte de Otón de Guericke. Este ilustre sabio nació en Magdeburgo, Prusia, en 1602, e inventó la primera máquina pneumática; pero fué tan superior a ella la ideada por Boyle, que la invención del prusiano quedó pronto relegada al olvido. Guericke fué el primer hombre que demostró el inmenso poder del vacío. Construyó dos hemisferios de metal, esto es, dos amplias copas de metal cuyos bordes ajustaban perfectamente uno con otro, provistos ambos de una llave por la cual se podía extraer el aire de su interior por medio de la máquina pneumática. Una vez efectuado en ellos el vació quedaban tan estrechamente unidos entre sí los dos hemisferios, que para separarlos fué necesario emplear la fuerza de quince caballos.

Vemos en este grabado un maravilloso experimento que demostró por primera vez a los hombres, la importancia inmensa de la presión atmosférica. Otón de Guericke, construyó dos grandes hemisferio de metal, cuyos bordes ajustaban entre sí de un modo tan perfecto que no permitían el paso del aire. Hizo dentro de ellos el vacío, por medio de la máquina pneumática, y quedaren con esto tan fuertemente unidos, que fué preciso utilizar la fuerza simultánea de quince caballos para separarlos

Guericke descubrió una manera de producir la luz por medio de la electricidad, mas nadie supo aprovecharse de su invento. El uso de la luz eléctrica no se generalizó hasta 1878. Construyó una esfera de azufre, dentro de un globo de cristal, y rompió después el cristal para dejar al descubierto el azufre; y, frotando éste en la oscuridad, observó que despedía cierta luz acompañada de ruido. También fué él quien descubrió que los cuerpos que no han sido electrizados por fricción, se electrizan cuando se ponen en contacto con otros que lo han sido.

Sir Isaac Newton dió un gran paso en los conocimientos eléctricos, descubriendo que, cuando se coloca un disco de vidrio en un cilindro de metal y se le electriza, atrae al papel con tanta fuerza, que lo hace saltar de un lado para otro en el cilindro.

FRANCISCO HAWKSBEE, QUE DEMOSTRÓ QUE LA NATURALEZA DE LA CHISPA ELÉCTRICA ERA IDÉNTICA A LA DEL RAYO

Vinieron después los experimentos de Francisco Hawksbee, que en 1705 se hizo famoso como hombre de ciencia. Se ignora la fecha de su nacimiento, pero su muerte ocurrió hacia 1713. Realizó importantes experimentos con el aire y el mercurio, y con una máquina destinada a producir electricidad, frotando con la mano un cilindro de cristal. Fué el primero que hizo observar la notable semejanza de la chispa eléctrica, que había logrado producir, y el ruido que la acompaña, con el rayo.

Su hijo, Francisco Hawksbee, que nació en 1687 y murió en 1763, fué un notable constructor de instrumentos científicos, siendo el primero que dió en Londres conferencias ilustradas con experimentos científicos, para demostrar sus teorías. Hawksbee, padre, escribió numerosos tratados acerca de sus descubrimientos; y sus obras, traducidas al francés y al italiano, fueron de gran utilidad a los sabios del continente europeo.

A primera vista parece que todo esto carece de importancia; pero cada uno de estos pequeños descubrimientos condujeron a otros más importantes. Un árbol en medio del bosque no parece que debe ser de mucha utilidad para el hombre; y, sin embargo, después de pasar por las manos del talador, el carpintero, y el arquitecto, aquel árbol se convierte en parte esencial de una casa, cuyos elementos han sido convenientemente agrupados hasta completar el edificio, que es un proceso análogo al que es preciso seguir para constituir una ciencia. Y ahora llegamos ya al primer paso que nos aproxima realmente al aprovechamiento práctico de la electricidad.

Esteban Gray nació en Londres a principios del siglo XVIII, y por suerte de la humanidad, dedicó su existencia al estudio de la electricidad. Hizo un gran descubrimiento. Halló que podemos dividir todos los cuerpos en dos clases distintas: los que pueden ser electrizados por fricción, y los que no pueden serlo.

Después avanzó otro paso y descubrió que los cuerpos no electrizables por fricción pueden ser electrizados poniéndolos en contacto con otro que lo haya sido previamente. Esto quiere decir que, como se dice actualmente, unos cuerpos son buenos conductores de electricidad y otros no.

ESTEBAN GRAY, QUE HIZO PASAR UNA CORRIENTE ELÉCTRICA A LO LARGO DE UN HILO DE ALGODÓN

Tomó Gray un tubo de vidrio y cerró sus extremos con dos tapones de corcho, a uno de los cuales fijó una esfera de marfil, viendo con inmenso júbilo que, cuando se frotaba el vidrio, la electricidad que en él se desarrollaba pasaba por el corcho al marfil, el cual adquiría también la propiedad de atraer los objetos ligeros, a semejanza del vidrio.

Esto animó a Gray a hacer magníficos experimentos que, aunque pequeños en sí, dieron resultados pasmosos, si tenemos en cuenta que trabajaba en la oscuridad.

Trató de averiguar si la seda conducía la electricidad, y vió que no. Repitió el experimento con un hilo de algodón, y obtuvo un resultado satisfactorio. Tendió entonces un hilo, suspendido por medio de presillas de seda, que, como mala conductora, no podía derivar la electricidad que pasase por el algodón, y de esta manera pudo enviar una corriente eléctrica, a través de dicho hilo, a 270 metros de distancia. Este fué, sin duda alguna, uno de los más trascendentales éxitos que se han obtenido en el mundo.

Un francés muy laborioso se ocupaba por entonces en idénticos trabajos. Era éste un hombre llamado Dufay, que nació en 1699 y murió, cuando sólo contaba cuarenta años de edad, en 1739, tres años después que Gray. Dufay empezó a trabajar partiendo de los experimentos de Gray, y fué mucho más lejos en sus investigaciones.

Descubrió que los tubos de vidrio podían ser utilizados para sostener el hilo conductor; que, poniéndose en contacto con el hilo electrizado, se electrizaba él mismo; y que cuando otra persona le tocaba, se producía un ruido acompañado de una chispa.

Pero el gran descubrimiento de Dufay fué el de la existencia de las dos clases de electricidad a que llamamos actualmente positiva y negativa.

CÓMO EMPEZARON A AMPLIARSE LOS CONOCIMIENTOS RELATIVOS A LA ELECTRICIDAD

Estas dos clases de electricidades, existen en todos los cuerpos, mas permanecen en reposo mientras no se frotan. Así, dos hilos de seda electrizados no se atraen, pero uno de seda y otro de lana sí, en tanto que dos de lana se repelen.

Es lo mismo que sucede con el imán. El extremo de éste que se dirige hacia el Norte repelerá al polo Norte del imán, y atraerá, por el contrario, al polo Sur del mismo. Los polos de nombre contrario se atraen en los imanes, y lo mismo sucede con las clases contrarias de electricidad.

Las invenciones se sucedieron entonces con rapidez vertiginosa. Se construyeron máquinas a propósito para frotar cilindros de vidrio con almohadillas y otras cosas, las cuales desarrollaban tan gran cantidad de electricidad que se producían chispas capaces de iniciar la combustión de las substancias espirituosas, de la cera, de la pez, y de otras substancias susceptibles de calentarse por fricción.

Los conocimientos humanos relativos a la electricidad tomaron entonces nuevo rumbo. Observaron varias personas que, si la electricidad podía desarrollarse con tanta facilidad al aire libre, mayor fuerza adquiriría si se lograba producirla dentro de un recipiente cerrado, lejos del contacto del aire, donde pudiera ser comprimida y encerrada, en vez de dejarla marchar libremente. Esto ocurrió ya a mediados del siglo XVIII.

INVENCIÓN DE LA LLAMADA BOTELLA DE LEIDEN

Un monje, inventor, y un catedrático, llamado Muschenbrock, de Leiden, ciudad de Holanda, parece que concibieron a la vez, pero separadamente, la misma idea, cuyo resultado fué la llamada Botella de Leiden.

El profesor electrizó cierta cantidad de agua dentro de una botella o jarro, tapado con una tapadera de metal por cuyo centro pasaba una varilla de hierro, a través de la cual era posible conducir la electricidad a donde se deseaba. El descubrimiento del poder de la electricidad se hizo de una manera fortuita. Al tomar con una mano el jarro, Muschenbroek tocó por casualidad con la otra mano la varilla de hierro, y recibió tan espantosa descarga que declaró que ni por la corona de Francia se comprometería a recibir otra.

MARAVILLOSO EXPERIMENTO QUE REALIZO SIR GUILLERMO WATSON CON DOS BOTELLAS DE LEIDEN

La Botella de Leiden, aunque construida por primera vez en Holanda, fué perfeccionada en Inglaterra por Sir Guillermo Watson, otro genio de aquella época que empieza a parecernos remota.

Era Watson hijo de un comerciante muy pobre, y nació en Londres en el año de 1715. Habiendo entrado al servicio de un químico, en calidad de aprendiz, se encariñó con la ciencia, y, tan pronto como logró reunir el dinero suficiente para poder vivir, se consagró por entero el estudio.

Perfeccionó la Botella de Leiden forrándola por fuera y por dentro con papel de estaño, lo cual le dió excelente resultado, y se valió de alambres para hacer pasar la corriente de una botella a otra. Al hacer pasar la corriente a lo largo del alambre, advirtió que la persona que sostenía su extremidad opuesta, situada a 3700 metros de distancia, notaba su impresión prácticamente en el instante mismo en que se la dejaba salir de la botella; prueba evidente de que la acción de la electricidad era instantánea, propiedad importantísima que fué aprovechada después en la telegrafía.

Aun realizó Sir Guillermo Watson otras maravillas con la misteriosa fuerza. Con un trozo de hielo electrizado logró incendiar los líquidos espirituosos; e igual resultado obtuvo con una gota de agua previamente electrizada. Incendió la pólvora de un cañón por medio de una chispa eléctrica, y dió a conocer otras muchas propiedades de la electricidad que no habían sido sospechadas hasta entonces.

Por aquella época empezaba ya el mundo a conocer muchas cosas que podían hacerse por medio de la electricidad; pero nada sabía respecto a la naturaleza de ésta.

BENJAMÍN FRANKLÍN, QUE AYUDÓ A DESCUBRIR LA FUERZA ELÉCTRICA

Vivía por entonces en América Septentrional un hombre de los más ilustres que han existido en el mundo, llamado Benjamín Franklín, que fué el primero que robó al cielo sus rayos para ponerlos al servicio de la humanidad.

Nació en Boston, Massachusets, en 1706, y comenzó su carrera, con muy escasos estudios, en una modesta imprenta de un hermano suyo. Era muy pobre, pero poseía un cerebro privilegiado, y jamás le preocupó la escasez de recursos pecuniarios.

Se educó sin más ayuda que la suya propia, empezando por ser un sencillo impresor, y estableciendo más tarde un negocio propio en Filadelfia; y tanta reputación hubo de adquirir su nombre, que fué elegido por sus conciudadanos para que les representase en Inglaterra.

La guerra estaba a punto de estallar entre la Gran Bretaña y sus colonias americanas, e hizo para evitarla cuanto pudo; pero, viendo que sus esfuerzos resultaban estériles, regresó a América, encontrando al llegar que ya se habían iniciado las hostilidades.

Llegó a ser jefe principal del gobierno que ayudó a la América del Norte a emanciparse de la tutela británica, y fué enviado después a Francia como embajador, con objeto de solicitar la ayuda de aquel país contra Inglaterra.

A él, por fin, cupo la gloria de iniciar las primeras negociaciones que condujeron a un tratado de paz entre Inglaterra y los Estados Confederados del Norte de América.

BENJAMÍN FRANKLÍN LANZA UNA COMETA CON OBJETO DE ROBAR SUS RAYOS A LAS NUBES

En medio de sus abrumadoras ocupaciones, aun le quedaba tiempo para estudiar y hacer experimentos. Todo el mundo lo admiraba por sus conocimientos acerca de las mareas y de los meteoros, de los colores, y sobre todo, de la electricidad.

El fué uno entre los que sospecharon que la electricidad y el rayo eran una misma cosa, y decidió cerciorarse de la certeza de sus sospechas. Con tal objeto construyó una cometa de seda, a cuya parte superior fijó un trozo de alambre fino, y a la guita le agregó un cordón de seda, para tenerlo en la mano, por ser substancia aisladora, atando entre ambas una llave, en el lugar del empalme, que les servía de lazo de unión. Y un día en que se cernía una tormenta sobre su domicilio, remontó la cometa hasta muy cerca de una nube tormentosa, y esperó el resultado en la escalinata de su casa.

Había publicado un folleto dando a conocer su creencia de que todo lo que hasta entonces se había hecho con la electricidad no era más que lo que puede verse en el rayo; y aquel era el momento decisivo de afirmar ante el mundo entero su reputación de hombre científico, o de servir de chacota a los sabios. Se comprende, pues, con qué ansiedad debió esperar, en compañía de su hijo, el resultado de aquella trascendental experiencia.

La primera nube tempestuosa pasó sin que nada anormal ocurriese, y Franklín empezó a desconfiar de sí mismo. No tardó en venir otra a colocarse encima de la cometa, y entonces observó que las pelusas de la guita se apartaban de ella y se mantenían tiesas. Acercó a ellas el dedo, y vió que éste las atraía. Aproximó después a la llave el mismo dedo, y sintió una conmoción y saltó una chispa eléctrica.

Entonces empezó a llover, y, mojada la guita por el agua, aumentó su conductibilidad, y descendió la electricidad por ella en cantidad tan abundante que pudo cargar con la llave una botella de Leiden.

Quedaba, pues, demostrado que el rayo es la electricidad misma. Realizó otros experimentos, y descubrió que unas nubes están cargadas de electricidad positiva, y otras de electricidad negativa, lo mismo que sucede con la electricidad que producen los diferentes cuerpos en la tierra. Tan pronto como se convenció de la certeza de estos hechos, construyó el primer pararrayos.

Si era posible hacer pasar el rayo de las nubes a la tierra, como con su cometa había demostrado, nada tan fácil como guiarle en su camino hasta la tierra, evitando que al caer libremente destroce los edificios, y prive de la vida a personas y animales. Franklin hizo este trascendental descubrimiento en 1752, vivió 38 años más, y cuando, en 1790, pagó su tributo a la muerte, el luto fué general, lo mismo en Norte América, que en Francia.

Los descubrimientos se sucedieron, sin interrupción, a partir de este momento, y cada año surgían nuevas sorpresas.

Juan Canton, que nació en 1718, se hizo maestro de escuela e inventó varios y muy útiles instrumentos eléctricos. Fué el primero que fabricó poderosos imanes artificiales, y descubrió que el aire de una habitación puede ser electrizado lo mismo que otras muchas cosas. El célebre italiano Baccaria, descubrió que el aire que rodea a un cuerpo electrizado, se electriza también.

Después, Roberto Symmer realizó el curioso descubrimiento de que, si se calientan y frotan fuertemente dos medias, una de seda y otra de lana, es tal la cantidad de electricidad que se desarrolla, que con ella se puede cargar perfectamente una botella de Leiden.

Más importante aún fué la labor de Enrique Cavendish, que nació en Niza, en 1731. Era un hombre tan rico como extraño en su manera de ser. Hacía vida de eremita en una hermosa casa de Londres, y odiaba la presencia de los extraños, no porque fuese persona poco amable, sino por su excesiva cortedad y modestia.

Jamás permitía que le viesen las mujeres que tenía a su servicio. Si tenía que comunicarles alguna orden se la daba por escrito. La ciencia constituía para él el supremo bien de su vida.

Su principal descubrimiento, en materia de electricidad, fué que el alambre de hierro es 400.000.000 de veces mejor conductor que el agua. Con la ayuda de la electricidad hizo explotar una mezcla de oxígeno e hidrógeno, obteniendo por resultado agua pura.

Vivió Cavendish hasta 1810, y en su época florecieron dos hombres que cambiaron por completo la manera de obtener la electricidad.

Uno fué Luis Galvani, que nació en Bolonia, Italia, en 1737, y murió en la misma ciudad, en 1798. El otro, más ilustre todavía, fué Alejandro Volta, nacido en Como, en 1745, y muerto en el mismo punto, en 1827.

Haciendo experimentos Galvani con una máquina eléctrica, observó que las ancas de una rana muerta sufrían una contracción al recibir la descarga de aquélla, y resolvió averiguar si el rayo producía los mismos efectos.

Pero mientras suspendía la rana, por medio de un gancho de cobre, de los hierros de un balcón, vió que la contracción se producía de una manera espontánea cada vez que el gancho de cobre tocaba al hierro, lo que le indujo a afirmar que los tejidos de la rana contenían electricidad.

Cuando Volta tuvo noticia de ello, se propuso demostrar que el cuerpo de la rana no contenía electricidad alguna, afirmando, por el contrario, que en este caso la electricidad era producida por el contacto de dos metales distintos.

Para demostrar su aserto, colocó sobre una mesa un disco de cobre, y encima de él otro de paño, previamente empapado en una mezcla de agua y ácido sulfúrico, y depositó sobre ambos un tercer disco de zinc. Después siguió colocando otros discos de cobre, paño y zinc, en este mismo orden, obteniendo de este modo una pila de pares de cobre y zinc, separados por un pedazo de paño humedecido; y ató, por último, un alambre al disco de zinc superior, y otro al de cobre de la base.

ALEJANDRO VOLTA, INVENTOR DE LA PILA ELÉCTRICA

Unió Volta los extremos libres de ambos alambres, y, al separarlos, la corriente eléctrica desarrollada en la pila hizo saltar entre ellos una chispa. Esta fué la primera vez que el hombre aprovechó la electricidad producida por la acción química.

Fácil fué perfeccionar la pila voltaica. En vez de colocar los discos de metal y de paño sobre la mesa, pues éstos últimos no tardaban en secarse, dispuse la pila en un vaso lleno de agua acidulada, siendo éste el origen de la pila voltaica, que aun usamos hoy día para generar electricidad por medio de la acción química.

Data esta invención del año 1800; pero más de dos siglos después usamos todavía algunas veces la pila voltaica para los timbres eléctricos y otras muchas aplicaciones.

Este invento produjo un gran revuelo, e hizo que los hombres se aplicaran aún más al estudio de la electricidad, descubriendo entonces que por este medio podían producir electricidad siempre que lo desearan, y hacerla circular por los hilos conductores en forma de corriente continua, sin dejarla escapar inmediatamente como ocurría con la que se desarrollaba en el ámbar y otros cuerpos.

Descubrieron, además, entre otras cosas, que la corriente calentaba los alambres, hecho que condujo a Sir Humphry Davy al inmediato descubrimiento de la luz eléctrica que utilizamos para nuestro alumbrado.

BENJAMÍN FRANKLÍN, QUE ROBO AL CIELO SUS RAYOS

Benjamín Franklin fué un joven impresor, que estudió por sí solo, y llegó a ser tan famoso, que, a su muerte, no sólo su país, sino Francia, donde había desempeñado el cargo de embajador, le lloraron amargamente. En este grabado vemos a Franklin haciendo experimentos con una corneta que remontó hasta una nube tormentosa, para ver si lograba hacer descender desde ella una corriente eléctrica, a lo largo de la cuerda, hasta el aislador que sostenía en sus manos. El éxito coronó su experimento, quedando de esta suerte demostrado que el rayo y la electricidad eran una misma cosa, y la no discutible utilidad del pararrayos

EL PROFESOR OERSTED QUE HIZO DESVIAR LA AGUJA IMANADA DE SU DIRECCIÓN NORTE-SUR

Fijémonos ahora un momento en los imanes, los cuales ya se fabricaban con anterioridad. El hierro dulce podía ser magnetizado, friccionándolo con una piedra imán; pero estos imanes no tardan en perder su magnetismo, en tanto que el acero, una vez magnetizado por el mismo procedimiento, no vuelve a perderlo más.

Muchos hombres estudiosos habían sospechado que debía existir alguna conexión entre la electricidad y el imán, y el profesor Oersted, sabio danés que vivía en Copenhage, descubrió en 1820, que haciendo pasar una corriente producida por una batería voltaica a través de un alambre, podía ser alterada la posición de la aguja magnética, que como sabemos toma siempre la posición Norte-Sur.

Oersted descubrió, que aunque toda la tierra es un vasto imán, su facultad de atraer a la aguja magnética hacia el Norte no es lo suficientemente grande para impedir que pueda ser desviada hacia uno u otro lado por una fuerte corriente eléctrica; y demostró que, cuando el alambre se halla colocado encima de la aguja, el polo norte de ésta se desvía hacia el Este, y que cuando, por el contrario, el alambre se encuentra situado debajo de ella, dicho polo se desvía hacia el Oeste.

El hecho de que una corriente eléctrica desvíe la aguja magnética es el principio fundamental del telégrafo y teléfono, y de todos los maravillosos efectos que la corriente eléctrica es capaz de producir.

Oersted había abierto la puerta del amplio campo de los descubrimientos en la parte de la ciencia eléctrica conocida con el nombre de electromagnetismo. Empero, si su descubrimiento no hubiese pasado de ahí, hubiera sido inútil para la humanidad.

MIGUEL FARADAY, HIJO DE UN POBRE HERRERO, AYUDÓ A TRANSFORMAR EL MUNDO

La gloria de aplicar a la práctica el descubrimiento de Oersted, estaba reservada al sabio inglés Miguel Faraday, el cual nació en Londres, en 1791, siendo hijo de un pobre herrero. Después de asistir muy corto tiempo a la escuela, entró de aprendiz de un encuadernador, y tras la ruda labor del día, se aplicaba de noche al estudio de las ciencias.

Cierto día entró un caballero en la tienda, y encontró al muchacho estudiando afanosamente un articulo relativo a la electricidad, de una enciclopedia cuya encuadernación le había sido recomendada.

Se sorprendió el caballero al ver el extraño interés que a un muchacho de su edad inspiraba un asunto tan difícil, y le interrogó acerca del particular, enterándose entonces de que Faraday, trabajando hasta altas horas de la noche, había ya realizado por su cuenta varios experimentos, no obstante ser tan pobre, que no contaba para hacerlos más que con una botella vieja por toda batería.

Tan complacido quedó el visitante, que le dió cuatro billetes de entrada para que pudiese asistir a las conferencias que Sir Humphry Davy estaba dando a la sazón en el Instituto Real. Faraday se las agradeció tanto como si le hubiese regalado una fortuna.

Asistió a las conferencias, tomando numerosas notas de todo cuanto escuchaba, y, cuando terminaron, se presentó, tembloroso y asustado, al ilustre autor de ellas, y le puso de manifiesto sus notas.

Davy quedó sorprendido al contemplar la labor del pobre joven; y recordando cuán pobre había sido él también en su juventud, y cuánto había tenido que trabajar para instruirse, sintió viva simpatía hacia el humilde aprendiz.

Le dijo Faraday que deseaba dedicarse al estudio de las ciencias, y Davy, después de poner a prueba la aplicación y constancia del mancebo, lo nombró su propio ayudante. Le guió en su educación, lo llevó consigo al continente europeo, le hizo repetir numerosos experimentos, y cuando, andando el tiempo, Faraday se hizo hombre y adquirió celebridad por su meritoria labor científica, reemplazó al hombre ilustre que tan sincera amistad le había demostrado.

La vida de Faraday fué una larga y espléndida sucesión de proezas admirables. Laboró en pro de la difusión de los conocimientos científicos más que ningún otro hombre de su época. A pesar de que sus conferencias y escritos versaban sobre los más difíciles asuntos, se expresaba con tanta claridad y sencillez, que aun los niños entendían y encontraban especial deleite en escucharle.

Imposible enumerar en el corto espacio de que disponemos aquí su ímproba y meritoria labor a favor de la ciencia; pero no pasaremos por alto sus magníficos descubrimientos relativos a la electricidad y al magnetismo. Oersted había descubierto que la corriente eléctrica desviaba la aguja magnética;

Faraday no descansó hasta descubrir que el imán es capaz de electrizar un alambre por el cual no pase corriente eléctrica alguna, lo cual dejó establecida claramente la íntima relación existente entre el magnetismo y la electricidad.

Importantísimos fueron los resultados de este descubrimiento. En lo sucesivo, los hombres no dependerían de las pequeñas corrientes eléctricas que desarrolla la acción química en las pilas y baterías. Tenemos ante todo una espiral de alambre que, cuando se electriza y coloca al lado de un imán, se convierte a su vez en otro imán, provisto de sus polos norte y sur; el polo norte de la espiral es atraído por el polo sur del imán, y el polo sur de la espiral es atraído por el polo norte del imán; en tanto que el polo norte del imán rechaza al polo norte de la espiral electrizado, y el polo sur del imán rechaza al polo sur del alambre.

Pero podemos hacer que se inviertan los polos de la espiral de alambre. Si hacemos entrar la corriente por un extremo, la parte interior del alambre es entonces el polo norte; y si hacemos entrar la corriente eléctrica por el extremo opuesto del alambre, se formará un polo norte en la parte posterior de éste.

En el momento en que se interrumpe la corriente, o se corta el circuito, como suele decirse, la espiral de alambre deja de ser un imán.

En 1825 construyó Guillermo Sturgess un electroimán de inapreciable valor. Descubrió que, si tomamos una barra de hierro dulce, y enrollamos a su alrededor un alambre, se convierte en un imán, mucho más poderoso que cualquiera otro imán ordinario, cuando se hace pasar una corriente eléctrica a través de dicho alambre, pudiéndose imanar y desimanar a voluntad, y por consiguiente, con la rapidez que se desee, estableciendo y cortando la corriente.

De este modo obtenemos un poderoso imán que, como ya hemos visto, puede electrizar cualquiera otra espiral de alambre que se ponga a su lado. A ese alambre, enrollado en espiral y recorrido por una corriente eléctrica, le llaman los físicos solenoide.

Prosiguiendo sus estudios, descubrió Faraday que la espiral de alambre, al aproximarse al imán, pasaba a través de las que él llamó líneas de fuerza, que son ciertas vías por las cuales parece que circula la influencia magnética.

Por consiguiente, cuanto mayor fuese la frecuencia con que la espiral pasase a través de estas líneas de fuerza, con tanta mayor frecuencia sentiría sus efectos. El paso inmediato fué, pues, construir una espiral de alambre unido por sus extremos a una rueda giratoria. Al girar con rapidez la espiral, recibía repetidos impulsos del imán, y la corriente que se desarrollaba en él podía ser conducida a un colector, por medio de alambres, y almacenada en él, y ser enviada después, por otros alambres, a millares de kilómetros de distancia para que realizase toda clase de trabajos siempre que se deseara.

El uso de los electroimanes nos permite obtener fuerza para mover las máquinas, telegrafiar y telefonear, elevar grandes pesos, y realizar toda clase de trabajos. Obedecen puntualmente, y la corriente eléctrica que les comunica su fuerza puede ser suministrada o cortada a voluntad de una manera instantánea.

De este modo quedó establecida la parte más importante de los cimientos de la ciencia eléctrica; restaba sólo aplicar a la práctica los conocimientos que estos primeros hombres habían ofrecido al mundo.

Este invento de inmensa utilidad en el campo industrial es debido al sabio italiano Galileo Ferraris, nacido en Livorno en 1847, de padres modestos y laboriosos. Sabemos todos que los centros industriales, y las ciudades ricas en fábricas que consumen grandes cantidades de energía eléctrica, están en su mayor parte lejos de los lugares donde nacen las fuerzas naturales, o sea cascadas, saltos de agua, etc.

Miguel Faraday fué un pobre muchacho que aprendió por su propio y sólo esfuerzo, y llegó a ser un hombre de los más sabios de la tierra. En este grabado lo vemos trabajando en el laboratorio del Instituto Real, donde hizo la mayor parte de sus descubrimientos

Con la fuerza de estas cascadas se hacen funcionar las máquinas que producen la electricidad; esta electricidad se transmite por medio de alambres desde el punto de producción al de consumo en donde se la utiliza para poner en movimiento las máquinas industriales.

Pero únicamente las corrientes alternas se pueden transmitir a grandes distancias, pues solamente con ellas se puede obtener la potencia elevadísima necesaria a la transmisión: y estas corrientes alternas antes no se sabían utilizar no teniendo motores aptos. El descubrimiento del campo magnético giratorio ayudó a construir tales motores resolviéndose así el último y más difícil problema de la transmisión eléctrica.

Tal fué el fruto de los asiduos estudios de Ferraris y de su devoción a la ciencia, que cultivó con amor, sin descuidar sus deberes de buen ciudadano. Era generoso con amigos y enemigos, y tan modesto que a veces se le oía hablar con disgusto de sus trabajos y descubrimientos, y en más de una ocasión rehusó contratas que le habrían enriquecido. Trabajó hasta el último momento, aun minado por mortal enfermedad.

Un día estaba dando la clase cuando debió interrumpir la explicación, diciendo:—La máquina se ha estropeado, no puedo continuar—. Seis días después Ferraris había muerto, y con él una de las más bellas figuras de sabio, pues a su gran doctrina unía las tendencias artísticas de la raza latina y era poeta, músico y perfecto dibujante.

Transcurrieron importantes intervalos de tiempo antes de que lográsemos cosechar los frutos de estas teorías. El telégrafo eléctrico data próximamente del año 1837; los cables submarinos de 1852; los timbres eléctricos de 1855, y el teléfono y la luz eléctrica, de 1878. En 1883 se logró producir la electricidad en cantidad suficiente para poderla vender, como el gas, al público que quisiera consumirla. En el mismo año empezaron a circular los primeros tranvías eléctricos, y los ferrocarriles eléctricos hicieron su aparición en 1892. Los rudimentos de la telegrafía sin hilos se conocían hace ya mucho tiempo, pero no fué utilizada hasta 1899.

Así, pues, de la fricción del ámbar para hacerle atraer los objetos ligeros, se pasó a la producción de la electricidad por medio de máquinas de fricción y de la frotación de las medias; de éstas a la botella de Leiden y, por sus pasos contados, a la pila voltaica y las baterías compuestas de varios elementos; llegándose, por último, a los electroimanes y las grandes dínamos que son la última y más importante aplicación de los conocimientos difundidos por los hombres que descubrieron el electromagnetismo, y producen electricidad suficiente para realizar la mitad del trabajo que se efectúa en el mundo.

LOS INVENTORES DEL TELÉGRAFO Y DEL TELÉFONO

NADIE sería capaz de decirnos en pocas palabras quién ha sido el inventor del telégrafo y del teléfono; pues son tantos los hombres relacionados con estos inventos que, en realidad, la respuesta no puede menos de ser larga y complicada. El salvaje que enciende fuego, a fin de que sus camaradas puedan ver desde lejos el humo, usa el telégrafo de igual manera que lo utilizaban los pueblos de la antigüedad. El soldado, que agita banderas haciendo con ellas una señal particular, está telegrafiando. Por último, la persona que se sirve del heliógrafo (espejo con que se reflejan los rayos solares) emplea también otro método antiguo de telegrafía sin hilos.

El niño, que con un pedazo de espejo refleja los rayos del sol en un oscuro rincón, hace uso, sin saberlo, del telégrafo heliógrafo. Esta danza de luces en que suelen entretenerse los niños con sus pedazos de espejo, son exactamente la misma que en mayor escala, empleaban los habitantes de Argelia hace cerca de un millar de años. Combinando unos grandes espejos, acostumbraban telegrafiarse mutuamente con los rayos del sol, desde uno a otro extremo del país. Incluso hasta 1920 se usaba en California el mismo procedimiento; con sus espejos-telégrafos, consiguen los habitantes, cuando hace sol, comunicarse entre sí hasta una distancia de trescientos kilómetros.

No sabemos a quién se le ocurrió la idea de utilizar el espejo y la luz solar como telégrafo. Muchas de las cosas más admirables del mundo reconocen por inventoras a personas cuyo nombre ha quedado desconocido para la posteridad.

Tampoco sabemos a punto fijo quien tuvo la primera idea del telégrafo eléctrico, al cual nos referimos todos cuando hablamos del telégrafo a secas. Claro está que el funcionamiento de éste difiere enteramente de cualquier otra especie de telégrafo; pero en todos ellos las mismas fuerzas de la naturaleza sirven al hombre, ya para hacer visible el humo que se levanta de una hoguera en el campamento salvaje, ya para reflejar los rayos del sol, ya para producir el misterioso mensaje eléctrico que corre con la rapidez de la luz a lo largo de los alambres telegráficos, o sin necesidad de ellos, atravesando sencillamente el aire.

El camino para obtener el telégrafo fué preparado paso a paso por una legión de hombres inteligentes y laboriosos, cuyos descubrimientos acerca de la electricidad hemos visto en otro lugar de esta obra; pero, la verdad sea dicha, estos sabios no sospecharon jamás a dónde iban a conducirnos con sus incesantes descubrimientos.

Amaban la ciencia por sí misma, muy lejos de imaginar el gran presente que, con sus estudios, iban a hacer al mundo. Si queremos hallar la verdadera cuna de la telegrafía eléctrica, será preciso buscarla en aquella botella de Leyden, que sirvió a Esteban Gray para enviar por medio de un pequeño cable una corriente de electricidad a una distancia de cerca de 300 metros. Sir Guillermo Watson hizo más, pues utilizando una botella de Leyden transmitió una corriente a otro lugar que distaba unos tres kilómetros.

El heliógrafo es una especie de telegrafía natural, por medio de la cual los mensajes se expiden reflejando convencionalmente los rayos de sol en un espejito. Se empleaba en este sistema el alfabeto Morse: la mayor o menor duración de los rayos reflejados representan respectivamente las líneas y los puntos

EL HOMBRE DESCONOCIDO QUE FUÉ EL VERDADERO PADRE DEL TELÉGRAFO

Este hecho llamó considerablemente la atención de todos los que se dedicaban a experimentos eléctricos; pero no parece que condujera a nada práctico, hasta que, en 1753, un desconocido publicó en un diario de Escocia un artículo en el cual afirmaba que estas corrientes eléctricas podrían utilizarse para despachar mensajes a largas distancias. Para ello podía disponerse, a lo que él decía, de dos medios.

Consistía uno de ellos en tener, para cada letra del alfabeto, un alambre el cual debería utilizarse siempre que hubiese de representarse la letra a que dicho alambre correspondiera. La corriente agitaría entonces un pedazo de papel en el extremo receptor del alambre, y en este pedazo de papel quedaría impresa la letra que se trataba de transmitir.

También podría disponerse el telégrafo de manera que la corriente eléctrica obrara sobre un tintero automático en sustitución de las letras. Este segundo sistema era mucho mejor. Para ello se necesitaba sólo de un alambre, a cuyo extremo se colocaba una bolita, la cual, agitada por la corriente eléctrica, tocaba una campana, al propio tiempo que se producían las señales convenidas en vez de las letras, las cuales podían ser leídas y trasladadas al papel por la persona que se hallaba en el extremo receptor del aparato.

Ignoramos quien fuera este hombre; según creen algunos, era un médico de Greenok, llamado Carlos Mórrison. De lo que no podemos dudar es de que poseía muy despejado entendimiento, porque el método de las señales eléctricas, que generalmente se usa hoy en todas partes, no se diferencia mucho del segundo sistema propuesto por este autor anónimo.

LOS SABIOS QUE PREPARARON EL CAMINO AL TELÉGRAFO

Pero nuestro hombre carecía de los medios necesarios para llevar a cabo su empresa, porque en aquella época los físicos no podían producir electricidad suficiente para hacer funcionar un buen telégrafo.

Los descubrimientos de Volta, puestos de manifiesto al mundo en la pila de su nombre, que se llamó voltaica, fueron recibidos como el primer medio realmente práctico, para preparar inmediatamente el camino a los grandes resultados que se esperaban del nuevo campo que con tanto ardor se cultivaba.

Casi todos los hombres célebres de este período hicieron algo para contribuir con sus descubrimientos a la invención del telégrafo, no deliberadamente, pero sí poniendo sus conocimientos a disposición de los sabios que tenían fija en su mente la idea del aparato que nos ocupa.

Por muy distantes que parezcan estar de un telegrama ordinario, es lo cierto que los efectos de la electricidad sobre el agua y las sales minerales, contribuyeron en no pequeña parte a realizar el descubrimiento.

EL FAMOSO DESCUBRIMIENTO QUE HIZO POSIBLE EL TELÉGRAFO ELÉCTRICO

Este principio puso a disposición del hombre una energía extraordinaria. Desde ahora no sólo se podría producir toda la electricidad que se necesitase, sino también usar este fluido sin temor a escapes ni a desgastes de la corriente, como sucedía con la botella de Leyden y la pila voltaica.

Pero el primer telégrafo no había de proceder del descubrimiento de Faraday. Fué uno que costó a su inventor muchos trabajos, mucha ansiedad, mucho dinero, para acabar, al fin, con un gran desengaño. Llamábase el inventor Ronalds, que más tarde fué Sir Francisco Ronalds. Era hijo de un comerciante de Londres y había nacido en 1788, precisamente en la época en que el problema de la electricidad absorbía la atención pública.

Humphry Davy, aprendiz de químico, y Miguel Faraday, a quien Davy ayudó en sus trabajos, fueron los que más hicieron por la telegrafía en su infancia, al descubrir algunos de los mayores secretos de la electricidad y sus efectos. Oersted había comprobado un hecho de trascendentalisima importancia, a saber, que una corriente eléctrica da vuelta a la aguja magnética. Todo el mundo hubiera podido saber esto, sin sacar de ello ningún otro resultado, a no haber descubierto Faraday, hijo de un simple limpiabotas, que el magneto-imán electriza el alambre por el cual no pasa ninguna corriente.

Siendo ya hombre, y después de haberse dedicado enteramente a su estudio favorito, consiguió colocar un telégrafo en su propio jardín de Hanmersmith, sirviéndose para ello de alambres de doce kilómetros de longitud; lo cual consiguió haciendo dar varias vueltas a los alambres en torno a su finca. Luego, adiestrándose para obtener la electricidad por fricción, consiguió transmitir la corriente eléctrica por toda la longitud del alambre.

A cada extremo puso un cuadrante, el cual, en virtud de la corriente hacía aparecer una letra ante una abertura que había en dicho cuadrante. Esta disposición estaba dirigida por la acción de dos bolas impulsoras, por las cuales pasaba la corriente.

Al fin, después de haber perfeccionado la máquina y su funcionamiento, Ronalds ofreció su invento al gobierno inglés que por aquel tiempo sólo disponía de señales de madera producidas a mano por sus telegrafistas.

EL GOBIERNO BRITÁNICO CREE INNECESARIO EL TELÉGRAFO

Pero el gobierno se empeñó en no querer oír hablar de telégrafos eléctricos. » Los telégrafos son enteramente innecesarios; el único que puede ser empleado es el que utilizamos ahora », contestó. A veces los gobiernos obran desacertadamente. Ronalds hubo de dar al olvido su acariciada idea, dejando el campo a otros que, más afortunados, lograron un triunfo completo, al cual se asoció de buen grado, dando muestras de magnánimo corazón.

Antes de morir vió extendido el telégrafo por toda su patria. Dos fueron los personajes que se repartieron la gloria de este triunfo: Sir Carlos Wheatstone, que nació en 1802 y falleció dos años después que Ronalds, en 1875; y Sir Guillermo Fothergill Cooke, nacido en 1806 y muerto en 1879.

No deja de ser rara coincidencia que se unieran estos dos personajes y trabajaran de consuno en su gran empresa. Cooke, que estuvo durante muchos años sirviendo al ejército en la India, tenía la carrera de medicina; Wheatstone era hijo de un fabricante de instrumentos musicales de Gloucester, y le habían enviado a Londres para ser dependiente de una tienda de música propiedad de un tío suyo.

EL PRIMER TELÉGRAFO

Aun cuando muchos hombres habían pensado en enviar a largas distancias mensajes por medio de la electricidad, el verdadero inventor de la telegrafía eléctrica fué Sir Francisco Ronalds. El grabado muestra la instalación que estableció en el jardín de su casa de Hammersmith

Ambos sentían grande afición al estudio, y especialmente al de la electricidad. Wheatstone se dedicó de lleno a sus investigaciones; llegó a darse a conocer por algunos artículos sobre varios asuntos científicos; y más tarde fué nombrado profesor del Colegio Real, en cuyos sótanos llevó a cabo experimentos de gran importancia. Entre ellos merece citarse el que tuvo por efecto comprobar la velocidad con que pasa la electricidad por un alambre.

WHEATSTONE Y COOKE CONSTRUYEN EL PRIMER TELÉGRAFO PRÁCTICO

La primera vez que Cooke oyó hablar de la electricidad relacionada con el telégrafo, se hallaba estudiando medicina fuera de Inglaterra. En su privilegiada inteligencia vió muy pronto que la solución del problema era realmente probable, y abrazando con entusiasmo la idea de resolverlo, fué a Inglaterra, en donde se unió para este objeto con Wheatstone. El resultado fué excelente. Cooke era un gran hombre de negocios, Wheatstone un genio.

Unidos ambos construyeron el primer telégrafo práctico que se instaló en la Gran Bretaña, en 1838, utilizado por el ferrocarril de Londres y Blakwayl.

Como casi todas las cosas nuevas, el invento distaba mucho de ser perfecto. Tenía cinco líneas de alambre, lo cual, naturalmente, encarecía mucho su precio. Al año siguiente, el número de líneas quedó reducido a dos; pero como toda vía resultaba demasiado costoso, ambos socios trabajaron con ahínco hasta que en 1845, quedó establecido el telégrafo con un solo alambre; prácticamente se reducía al mismo instrumento que se usa hoy en día en las pequeñas oficinas.

Al fin, se suscitó entre los dos socios una disputa sobre quién de los dos había tenido más parte en el descubrimiento del telégrafo. Wheatstone dijo con franqueza que a no haber sido por la ayuda de Cooke, no hubiera inventado tan pronto el telégrafo; pero añadió que Cooke solo no lo hubiera inventado nunca. Esta afirmación parece asumir con toda exactitud la solución verdadera de la disputa.

Sir Carlos Wheatstone tuvo desde niño gran afición al estudio. Trabajó, al principio en una tienda de objetos de música, pero halló tiempo para dedicarse al estudio de la Física, y después de varios experimentos, inventó con Sir Guillermo Cooke, la telegrafía eléctrica

EL PINTOR S. F. B. MORSE, INVENTOR DEL TELÉGRAFO EN AMÉRICA

Mientras los dos socios implantaban el telégrafo en Inglaterra, S. F. B. Morse dotaba a los Estados Unidos de América del Norte del mismo servicio, aunque utilizando diferente sistema. Nació Morse en Charlestown, Massachusetts, en 1701; aprendió la pintura y la escultura para las cuales tenía grandes dotes. Durante su viaje del Havre a América, en 1832, se encontró a bordo con un tal Dr. Jackson, con quien discutió los problemas de la electricidad. Jackson, que era dueño de una batería galvánica y de un electro-imán, habló largamente de uno y otra, pero como en aquellos momentos no tenían estos objetos a su disposición sino en el cofre que iba en la bodega del buque, hubo de contentarse con diseñarlos mientras hablaba con Morse.

Esta conversación constituyó para el joven artista un tema de seria reflexión; llegó a América; se puso a trabajar de firme, y después de incesantes estudios y tanteos, ofreció al mundo en 1835, un telégrafo, en el cual, naturalmente, la batería y el magneto jugaban un papel importante. Jackson tuvo la imprudencia de reclamar el invento, como si en parte le perteneciese a él, y a este efecto recurrió a los tribunales, mas éstos fallaron en su contra. En 1837, Morse presentó otro instrumento perfeccionado, cuya patente solicitó del Congreso, pero que no le fué concedida hasta seis años más tarde.

En 1844, se envió un telegrama desde Wáshington a Baltimore; pero Morse continuó mejorando su sistema hasta el mayor grado de perfección posible. En efecto, el alfabeto de Morse es el usado hoy por la telegrafía, y su método el más generalizado para enviar mensajes por medio de alambres.

Naturalmente, han sido muchos más los sabios que han

desempeñado un papel importante en la historia de la telegrafía; pero su trabajo es demasiado técnico para que podamos darlo a conocer en estas páginas.

Con todo hay un gran hombre en esta historia que no puede quedar en el olvido: Lord Kelvin. Nació este sabio en Belfast, en 1824 y cuando sólo tenía 11 años de edad, fué recibido como estudiante en la Universidad de Glasgow. Más tarde estudió en la. Universidad de Cambridge. Empleó toda su vida en el estudio de los problemas más difíciles, tales como la fuerza, la acción y los efectos de las corrientes eléctricas en todas las condiciones.

LOS INVENTORES DEL TELÉGRAFO

S. F. B. Morse, artista norteamericano, inventó el sistema de telegrafía que lleva su nombre y que ha sido aceptado en casi todos los países del mundo: El primer mensaje: « ¿Qué ha creado Dios? « fué enviado de Washington a Baltimore. Morse recibió honores y premios de casi todos los gobiernos de Europa

LA GRAN OBRA DE LORD KELVIN PARA LA TELEGRAFÍA SIN HILOS

Muchos hubieran creído que el estudio de estos problemas, sobre ser austero, no podría dar resultado práctico de ninguna clase; y ello no obstante, Kelvin, con su gran talento, vió al punto el lado útil de sus descubrimientos, resultado de experimentos delicadísimos y cálculos profundos. En efecto, gracias a ellos han recibido el uso que nosotros les damos esos maravillosos cables que cruzan el mar en todas las direcciones del mundo. Bien es verdad que son varias las casas, constructoras que se dedican a la instalación de dichos cables, pero nadie los habría producido a no haber mostrado el vigoroso talento de Kelvin su utilidad para el objeto, al cual se les destina.

Pero esto sólo es una parte de lo que hizo este eminente físico por la telegrafía. Algunas de las partes más delicadas y hermosas de su obra se refieren a la recepción y recuerdo de los mensajes enviados sin hilos. Basta saber que a medida que pasen los años y se vaya desarrollando más esta asombrosa rama de la electricidad, podremos ir siguiendo con más detención la huella de su actividad y comprender más a fondo el extraordinario valor de sus trabajos relacionados con la electricidad en general y de la telegrafía en particular. Lord Kelvin falleció en 17 de Diciembre de 1907.

Hasta aquí sólo hemos hablado del telégrafo; para muchos de nosotros el teléfono es un instrumento todavía más maravilloso y útil. Con su ayuda podemos hablar con amigos que se hallan a muchos kilómetros distanciados de nosotros y oírlos con toda claridad, como si únicamente nos separara de ellos un delgado tabique.

LOS EXPERIMENTOS QUE CONDUJERON A LA INVENCIÓN DEL TELÉFONO

En otra parte de esta obra expusimos los principios del teléfono, por lo cual nos abstendremos de tocar este punto en el presente capítulo. Únicamente recordaremos que siendo tan maravilloso este instrumento, parece extraordinaria coincidencia que se les haya ocurrido a varios sabios la misma idea acerca de su construcción.

Y varios han sido, en efecto, los que han trabajado en él, desde Roberto Hooke, que, en 1667, hizo una especie de teléfono, no sirviéndose de la electricidad, sino de un alambre tendido. Se volvió a hablar del teléfono cuando Wheatstone consiguió que el sonido de un instrumento músico espejito lo largo de una varilla, desde unos sótanos hasta una sala en donde se hallaban escuchando numerosas personas. Pero el paso más importante lo dió Mr. C. G. Page, doctor norteamericano, en 1873, al publicar un ensayo sobre la música producida por electro-magneto en el instante en que cierra el circuito. Este escrito fué el principio de la idea de emplear la electricidad para transportar la voz humana.

Seis años más tarde, aprovechando esta teoría, un sabio físico, llamado Felipe Reis, empezó a trabajar insistentemente y con tan buenos resultados, que, en 1861, produjo un teléfono eléctrico. El principio era casi el mismo que el del teléfono que hoy se emplea, pero no había llegado a la perfección actual.

Todavía tuvo que esperar el mundo hasta 1876, año en que ocurrió una coincidencia singularísima; la de dos teléfonos que fueron patentados el mismo día y a pocas horas de diferencia.

Uno fué el del inventor Elisha Gray. Otro el de Bell. Gray nació en 1835 en Barnesville, Ohío; vivió hasta 1901, consagrando toda su vida a los inventos eléctricos. Su teléfono fué presentado para ser patentado el 14 de Febrero de 1876.

CÓMO SE PATENTARON EN EL MISMO DÍA DOS TELÉFONOS

Pero dos horas antes, ese mismo día, Alejandro Graham Bell se presentó en la misma oficina y sacó patente de su teléfono. Es en efecto cosa maravillosa que ambos inventores, desconocidos mutuamente, estuvieran trabajando al mismo tiempo sobre el mismo problema y que, en el mismo día se presentaran con el invento terminado en la oficina de patentes de Washington. El de Bell, empero, era más perfecto y más completo, siendo el único que con bastantes mejoras empleamos hoy día.

Bell nació en Edimburgo, Escocia, en 1847; se trasladó en compañía de su padre al Canadá, en 1870, y dos años después se estableció en Boston, en cuya Universidad estudió. En su niñez, era extraordinario el número de sordomudos que había en Escocia, y el padre de Bell, hombre de gran corazón y de abnegación, empleó su vida entera en enseñar a hablar a los mudos.

El joven Bell, después de haber recibido esmerada educación en Edimburgo y en Würzburg, pasó al Canadá con su padre para dedicarse a la enseñanza de los mudos; y consiguió no sólo enseñarles a hablar, sino que les dió un medio, el teléfono, para poder transmitir su voz a muchos kilómetros de distancia.

No podemos dejar en olvido la parte importantísima que tuvo T. A. Édison en la mejora del teléfono y del telégrafo. Su vida es realmente admirable, tantas y tan grandes han sido las empresas que ha llevado a cabo; pero es mucho más admirable si tenemos presente la humildad de su cuna. Nacido en 1847 en Milán, Ohío, se puso a trabajar en una edad en que la mayor parte de los niños empiezan a ser enviados a las escuelas.

Tuvo su primer empleo en una estación de ferrocarril, en donde se dedicaba a vender periódicos a los pasajeros del tren. A fuerza de ahorros pudo comprar unos cuantos tipos viejos y una pequeña minerva, con cuyo medio imprimía un diario durante el tiempo en que viajaba como empleado en el tren. Se trataba de un diario diminuto, de sólo seis pulgadas por cuatro de ancho; mas para un muchacho que nunca había ido a la escuela, este esfuerzo era verdaderamente admirable.

Edison gastaba en libros e instrumentos científicos cuánto dinero ahorraba. Tenía en el vagón de equipajes un pequeño laboratorio en donde hacía sus experimentos. Un día se le vertió un ácido y pegó fuego al vagón, lo cual fué causa de que le expulsaran. Pero no se desesperó. Un día hallándose en la estación, vió a punto de ser arrollado por el tren, que entraba entraba a la estación, a un niño, hijo del jefe de la misma. Édison saltó a la línea, salvó al niño y ganó la gratitud y afecto del padre, el cual, como en prueba de agradecimiento le enseñó la telegrafía. Su carrera empezaba propiamente ahora.

Anduvo luego errante por el país desempeñando en varios lugares el cargo de telegrafista y entregándose en los tiempos de descanso al estudio y a los experimentos físicos y químicos. Resultado de esta explicación fué que a su tiempo inventó lo que se llama sistema cuádruple de telegrafía, es decir, el sistema por el cual, en vez de enviar un solo despacho por cada alambre, pueden enviarse hasta cuatro al mismo tiempo y por el mismo alambre. Inventó luego un medio que permite enviar hasta seis telegramas a la vez; invento importantísimo, por cuanto un alambre puede conseguir el efecto de seis.

Era un joven incansable y ambicioso, que no podía permanecer quieto en un lugar, lo cual hace más admirable el hecho de que siempre tuviese tiempo para dar a conocer nuevos descubrimientos. Inventó una lámpara incandescente y el maravilloso fonógrafo; nos manifestó una de las cosas más importantes en el teléfono, el carbón trasmisor; construyó el megáfono, la gran trompeta que nos permite oír una voz veinte veces más fuerte que cuando sale de la garganta; inventó el tranvía eléctrico, el cinematógrafo, las plumas eléctricas, una especie de termómetro sensibilísimo al menor cambio de temperatura, y otro instrumento que nos permite oír el aleteo de una mosca como si fuese un rugido. En otro artículo daremos más pormenores de la vida y las obras de este genio extraordinario.

UN HOMBRE PRODIGIOSO

LO QUE UN POBRE MUCHACHO HA HECHO POR LA HUMANIDAD

TANTOS secretos le arrancó Edison a la naturaleza, y tantas y tan estupendas maravillas le ofreció a la humanidad, que sus compatriotas le solían llamar «el Brujo».

Damos vueltas a un manubrio y tocamos una palanca, y el fonógrafo nos regala los oídos con una agradable música. Oprimimos un botón, e inundamos de luz un aposento por medio de una lámpara eléctrica. Seis personas desean enviar seis mensajes entre dos ciudades conectadas por un sólo hilo telegráfico; y el ingenioso sistema por Edison ideado permite que los seis mensajes circulen al mismo tiempo por el único alambre existente.

El subsuelo de Londres se ha convertido en lugar casi bello, donde se respira aire puro, porque los trenes eléctricos, inventados por Edison o que llevan alguna aplicación de sus maravillosos descubrimientos, circulan a través de los numerosos túneles subterráneos que lo cruzan en todas direcciones.

Nos sentamos en la butaca de un magnífico teatro y vemos desfilar ante nuestros ojos, proyectadas sobre un telón, imágenes movibles de escenas ocurridas en los más apartados confines del globo, gracias a Edison que inventó el kinetoscopio, padre del cinematógrafo, ideado por Lumiére.

Cada uno de estos inventos hubiera bastado por sí solo para hacer el nombre de Édison famoso; y sin embargo, los enumerados son solamente unos pocos de los muchísimos descubrimientos con que ha enriquecido a la humanidad.

El nombre de Edison es hoy célebre en todo el mundo civilizado, pero el origen de este hombre insigne no pudo ser más humilde. Como sus padres eran muy pobres, sólo asistió dos meses a la escuela. Su madre, una excelente mujer, le enseñó la lectura; y esto, en realidad, le bastó, porque se había despertado en él una verdadera pasión por el estudio.

Nació en Febrero de 1847, en Milán, condado de Erie, Ohio; pero cuando sólo contaba siete años de edad, fué llevado por sus padres a Puerto Hurón, Michigan.

Se hallaba unida esta ciudad con Detroit por medio de un camino de hierro de 95 kilómetros de longitud, por el que circulaba un tren diariamente, excepto los domingos; y Edison, en parte por ayudar a sus padres, en parte por poder disponer de algún dinero para hacer sus experimentos químicos, buscó un empleo en este ferrocarril. La guerra civil desgarraba a la sazón los estados de la América del Norte, y la gente andaba siempre ansiosa de recibir noticias de las batallas que se libraban.

Por eso Edison acostumbraba viajar en aquel tren llevando consigo numerosos ejemplares de diarios, que vendía en las estaciones. Cuando dichos periódicos contenían noticias importantes, era tal la demanda que de los mismos se hacía, que, aprovechándose de la ocasión, elevaba su precio, llegando una vez a vender un gran número de ellos a veinticinco centavos cada ejemplar.

Se dió tan buenas trazas, que logró ahorrar dinero bastante para comprar tipos viejos y una prensa, ya fuera de uso, con los cuales llegó a imprimir un diario mientras el tren iba en marcha; y como a la sazón sólo contaba quince años de edad, bien puede asegurarse que ha sido el director de periódico más joven del mundo entero.

El joven Edison en el momento más crítico de su vida: expulsado de un tren
por haber sido el causante del incendio de un vagón

Esta fué la primera vez que se imprimió un diario en un tren, y probablemente la única, aunque, desde que se emplea la telegrafía sin hilos a bordo de los buques, los pasajeros disfrutan de periódicos que se imprimen en el mar cada día. Edison obtuvo de esta suerte no despreciables ganancias, pero al fin le ocurrió lo que él conceptuó la mayor calamidad de su vida. No contento con editar y vender su diario en el tren, instaló en un viejo y destartalado furgón de equipajes, afecto al ferrocarril, un pequeño laboratorio, en el que prosiguió los experimentos químicos que había comenzado en la cueva de la casa de su madre.

EL MOMENTO MÁS CRITICO DE LA VIDA DE EDISON

Todo fué a pedir de boca, hasta que, cierto día, una gran sacudida del tren volcó algunos de los recipientes que contenían sus substancias químicas y prendió fuego al furgón. Esto concluyó con la paciencia del conductor, y en la primera parada, tomó al joven Edison por el cogote y lo puso en el andén, juntamente con todos sus potingues y cacharros. Este fué el momento más crítico de la vida del célebre inventor.

Pero no era persona capaz de doblegarse ante las adversidades del destino. No tardó en ser admitido de nuevo por la empresa del ferrocarril, donde le esperaba una aventura digna de algún cuento de hadas.

Era Edison un muchacho muy amable, y los niños se encariñaban con él fácilmente. Uno de los preferidos del futuro gran inventor era un hijo pequeñito del jefe de la estación de Mount Clemens, Michigán.

Cierto día, mientras Edison permanecía en la estación esperando unos nuevos coches que debían agregarse al tren, el niño se atravesó en la vía sin ser visto de nadie. Venía ya descendiendo por ella uno de los coches que habían de ser unidos a los otros, y estaba ya a punto de arrollar al pequeñuelo, cuando Edison vió el peligro. Saltó a la vía, tomó al niño y logró escapar con él, tan a tiempo, que la rueda del coche llegó a herirle en un pie. El agradecido padre, no teniendo medios para recompensar pecuniariamente a Edison, le ofreció enseñarle la telegrafía.

INGENIOSA MANERA QUE ENCONTRO DE AHORRAR TIEMPO EL DESPIERTO MUCHACHO

Nada hubiera podido causar mayor satisfacción que esta promesa al joven Edison, porque sentía una verdadera fascinación por la electricidad y sus maravillosas aplicaciones. No hacía mucho que se hallaba aprendiendo, cuando desapareció de improviso y no volvió a la estación en dos o tres días. Pero cuando regresó, trajo consigo un modelo perfecto de todos los aparatos usados en telegrafía. Había estado en un taller haciendo los modelos él mismo, y tan bien le salieron, que los instaló de manera conveniente; tendió un alambre a lo largo de una cerca y conectó la estación con la ciudad, utilizando su improvisada línea para cursar telegramas a veinticinco centavos cada uno.

En el transcurso de un mes transmitió tres telegramas, y entonces tuvo que desbaratar la instalación, pues obtuvo por primera vez la plaza de telegrafista en Strafford, en la frontera del Canadá. Con sólo tres meses de aprendizaje, era ya un operador consumado.

Edison tenía que trabajar allí de noche, y, para demostrar que estaba despierto y vigilante, tenía la obligación de telegrafiar cada media hora una señal convenida a la estación inmediata.

Pero como el joven encontraba con frecuencia trabajo más productivo que el estar contemplando, mano sobre mano, los instrumentos, le producía gran contrariedad el tener que enviar cada media hora la expresada contraseña, y el deseo de evitarse esta molestia le llevó a su primer descubrimiento en materia de telegrafía. Construyó una rueda especial y la conectó al mecanismo de un reloj, el cual la hacía girar como a sus otras ruedas; pero cada media hora entraba en funciones una muesca de esta rueda supletoria, cerrando el circuito eléctrico y enviando la señal consabida a la estación inmediata. En principio fué sólo una pueril estratagema de un muchacho despejado para evitarse una pequeña molestia; pero cuando se descubrió la treta, fué adoptada como un descubrimiento importante y utilísimo en la telegrafía.

INCESANTE VIAJAR QUE LLENO SU CEREBRO DE IDEAS

El fuego de su genio y talento no se avenía con la monótona tarea de asistir diariamente a una oficina, para permanecer en ella un número fijo y siempre crecido de horas. Por eso fué pasando por diversos empleos, aprendiendo acá y allá, y aprovechándose a menudo de las nuevas ocasiones y extrañas circunstancias para poner sus nuevas ideas en práctica. Gastaba todo su dinero en libros, en productos químicos y en instrumentos.

Era incansable, y a veces se trasladaba a pie de unos lugares a otros, llegando en ocasiones a sus nuevos destinos con el aspecto de un vagabundo y sin un centavo en el bolsillo. Pero entre tanto iba adquiriendo experiencia, leyendo y aprendiendo y formando su cerebro para la gran obra que estaba destinado a realizar. Obtuvo patente de invención de una máquina para registrar los votos, e inmediatamente después ideó una máquina de imprimir, que enviaba un telegrama y lo imprimía al mismo tiempo.

La nueva casa inventada por Edison, que puede hacerse de una sola pieza y durar mil años

Fue este un invento muy importante para los banqueros y bolsistas, y constituyó el punto culminante de la carrera de Edison; porque, en lo sucesivo, en vez de trabajar como criado de otros, empezó a negociar con una sociedad de ingenieros electricistas. Pero tampoco servía para ser socio de nadie un hombre de su genio y energía, y no tardó en separarse de sus compañeros y emprender él solo un negocio. De la pobreza, que le expuso con frecuencia a morir de inanición, pasó a una posición desahogada gracias a un cheque de 40.000 pesos oro que recibió en pago de su máquina de imprimir eléctrica y uno o dos pequeños inventos más.

Este fué, sin duda alguna, el germen de su idea de enviar largos mensajes a grandes distancias, por telégrafo, y de hacer que el transmisor registrase en el papel, no sólo los puntos y rayas del alfabeto Morse, sino las palabras mismas. Siguió haciendo profundos estudios en materia de telegrafía. El resultado más importante que obtuvo fué el poder transmitir más de un mensaje a la vez por un mismo alambre.

Contaba sólo veintidós años de edad cuando introdujo la primera mejora en este sentido, que permitía a dos manipuladores transmitir dos mensajes a la vez por un mismo alambre, enseñándole después la experiencia a enviar cuatro mensajes a un tiempo a través de un solo alambre, y, más adelante, seis. La razón se resiste a creer esto; pero los constantes experimentos de Edison acerca de la electricidad le enseñaron que un alambre puede transmitir más de un mensaje a la vez, con tal que procedamos para ello en forma conveniente.

Podemos colocar tres operadores, con sus tres aparatos, en una extremidad del alambre, y otros tres, también con sus tres aparatos, en la opuesta, y los seis pueden telegrafiar simultáneamente por un sólo y mismo alambre. Estriba el secreto en que cada uno de estos operadores envía corrientes de diversa intensidad, y seis corrientes de diversa intensidad pueden caminar simultáneamente por un mismo alambre sin destruirse las unas a las otras.

Se supone que esta invención ha ahorrado a las naciones muchos millones de pesos en el coste de sus líneas telegráficas.

Vino después el teléfono. A decir verdad, no fué éste inventado por Edison, sino por un escocés, llamado Alejandro Graham Bell, aunque justo es-consignar que el mismo día que éste registró el derecho de propiedad de su teléfono, registró también Eliseo Grey otro de su propia invención. Empero el teléfono Bell no hubiera sido nunca un éxito comercial a no ser por la ayuda de Edison. El transmisor era prácticamente inservible. Edison puso manos a la obra e ideó un nuevo transmisor con el que todos nos hallamos familiarizados al presente, y por el cual le ofrecieron 100.000 pesos oro.

—Perfectamente,—dijo al aceptar esta oferta;—pero no me los paguéis de una vez. Pagadme 6.000 pesos anuales por espacio de diecisiete años.

El trato fué aceptado y he aquí al genial inventor que, por vez primera en. su vida, dispuso de una renta asegurada durante un período no demasiado corto de años. Sabía muy bien que, si le abonaban de una sola vez aquella subida suma, no tardaría en gastarla en sus experimentos.

Otros dos inventos relativos al teléfono le produjeron 250.000 pesos más, e hicieron famoso su nombre en cuantos lugares del globo se utiliza este inapreciable aparato. Se siguieron después muchos otros inventos, relacionados todos ellos con la telefonía, y pronto, sólo en los Estados Unidos de América, hubo 140.000 personas empleadas en las diversas industrias derivadas de este aparato.

EDISON Y SU FAMILIA

ÉDISON Y SUS HIJOS

LA FAMILIA DE EDISON

CASA DONDE NACIÓ EDISON

ÚLTIMA MORADA DEL FAMOSO INVENTOR

LA MADRE DE EDISON

EDISON A LOS 14 ANOS DE EDAD

EL PADRE DE EDISON

DE COMO SALE DEL INTERIOR DE UNA PEQUEÑA CAJA UNA CANCIÓN DE CUNA

Otras maravillas de este período son el micrófono, instrumento que amplifica el sonido hasta el extremo de que, con su ayuda, pueden oírse los pasos de una mosca, y el micro tasímetro, otro instrumento en extremo delicado, que sirve para medir las más insignificantes variaciones de la temperatura. Con su ayuda puede apreciarse el calor de la mano de una persona, a nueve metros de distancia, y se dice que ha sido sensible a los rayos de calor de una estrella.

Un invento le condujo a otro. Mientras hacía experiencias con un aparato telegráfico, descubrió Edison que el papel arrugado, colocado sobre un disco, al girar bajo el indicador de una palanca, producía un sonido musical. Empezó a cavilar sobre el asunto y llegó a la conclusión de que, si lograba encontrar la clase de diafragma requerida, conseguiría que el papel o alguna otra substancia recibiese la impresión de las ondas sonoras y la reprodujese después por medio de otro diafragma semejante.

Meditó largo tiempo acerca de esta idea y, por fin, hizo una máquina, que consistía en un cilindro giratorio que recubría con una hoja de estaño; y, hablando después delante de una bocina, a la que se hallaba conectado un diafragma, las palabras engendraban ondas sonoras que, guiadas por la bocina, convergían sobre el diafragma y las vibraciones de éste producían en la hoja de estaño ciertas mellas. Después Edison, colocando otro diafragma a propósito, hizo girar el cilindro y el aparato reprodujo estas palabras que el insigne inventor había pronunciado delante de la bocina: « María tenía un corderito », que fueron las primeras reproducidas por un fonógrafo. El fonógrafo produjo mayor sensación que ninguno de los otros inventos de Edison. El modelo original, « La primera caja que habló en el mundo », se conserva en la actualidad en el Museo de South Kensington, y todas las demás máquinas parlantes no son más que perfeccionamientos de este sencillo fonógrafo.

PRINCIPIO DEL CINEMATÓGRAFO

Tal vez la contemplación de figuras y escenas de movimiento sea para la gente joven el más interesante de todos los maravillosos inventos de Edison.

La idea era vieja, pero su perfeccionamiento no puede ser más moderno. Cuando se generalizó la fotografía, fueron muchas las personas que trataron de presentar las figuras con movimiento. Para ello hacían uso de varias cámaras, que colocaban en fila tomando cada una de ellas una vista cuando pasaba el objeto movible; y mostrando después las diversas fotografías en rápido movimiento de sucesión, se lograba obtener una cierta sugestión del movimiento.

El genio de Edison le ha permitido siempre perfeccionar con éxito admirable los planes fracasados de otros. Mientras sólo fué posible obtener las negativas en placas de cristal, no trabajó en el asunto; pero tan pronto como se inventó la película, fabricó una cámara especial; arrolló una larga cinta de película sensibilizada en un carretel; la colocó dentro de la cámara de su invención y la fué desarrollando, por detrás de la lente, según que el objeto movible pasaba por delante de la cámara.

Mediante una ingeniosa disposición de obturadores que cierran y permiten la entrada de la luz en rápida sucesión y de un modo alternativo, puede tomar la cámara de veinte a cuarenta vistas por segundo, cada una de las cuales es una representación clara y distinta de algún movimiento o actitud. Y como el ojo humano no puede distinguir más que este número de movimientos por segundo, cuando se hace pasar la cinta por delante del foco de una linterna mágica, las imágenes se van proyectando con la misma velocidad que fueron tomadas por la cámara, y se suceden con tan gran continuidad las unas a las otras, que nos dan la sensación del movimiento real. Millares de fotografías forman las escenas que vemos proyectadas sobre los telones de los cinematógrafos.

La longitud de las películas varía, naturalmente; pero veinte minutos de sesión cinematográfica representan el paso a través de la linterna de muchos centenares de metros de película.

Cuando Edison logró hacer funcionar su primer cinematógrafo, no utilizó telón ni pantalla alguna. El espectador tenía que mirar por una especie de atisbadero y ver las figuras moviéndose dentro del aparato. La idea del telón vino luego, reportando inmensas ventajas. El cinematógrafo, el biógrafo y otras formas de fotografías movibles

EL PRINCIPIO DE LOS GRANDES INVENTOS

Primeras lámparas eléctricas inventadas por Edison

Primera fábrica de electricidad para el alumbrado.

Edison conduciendo su primera locomotora eléctrica.

El primer fonógrafo.

Talleres de Edison en Menlo Park, en la época en que estaba inventando el fonógrafo

ÉDISON HABLANDO DELANTE DEL FONÓGRAFO

ÉDISON EN SU ESTUDIO. HACIENDO EXPERIMENTOS CON UN FONÓGRAFO
PERFECCIONADO

EDISON EXAMINANDO LA IMPRESIÓN DE SU PROPIA VOZ EN UN CILINDRO
DE CERA

Divulgación Científica

EL «BRUJO» EN SU MARAVILLOSO TALLER

ÉDISON EFECTUANDO UN EXPERIMENTO EN SU LABORATORIO DE MENLO PARK, NUEVA JERSEY

UNA OJEADA AL SALÓN DE FONÓGRAFOS EN LOSA TALLERES DE ÉDISON

Los espléndidos perfeccionamientos del original kinetoscopio inventado por Edison. La película parlante de hoy fué el resultado de una combinación de la película silenciosa de Edison y su invento del fonógrafo. De modo que se puede decir que aún ésta fué fruto de su genio

HISTORIA DE LA LÁMPARA ELÉCTRICA

Cuando Edison fijó su atención en la cuestión del alumbrado, la única lámpara eléctrica que existía era el arco voltaico, que arde en el seno del aire libre, y no es a propósito para el interior de los edificios.

En la lámpara de arco voltaico la luz es producida por la resistencia que presenta el carbón al paso de la corriente eléctrica, según decimos al tratar del alumbrado. Una barra de carbón desciende de la parte superior de la lámpara, y otra sube del fondo de la misma. Entre las extremidades de ambas queda un espacio y la corriente eléctrica salta de una punta a otra, produciendo una llama. Pero esta lámpara necesita para arder una corriente de aire, y Edison comprendió que, para el alumbrado interior, hacía falta una llama que ardiese en el vacío, porque, de lo contrario, el filamento, que es el hilo que al entrar en incandescencia emite luz, pronto se consumiría.

El camino había sido ya preparado por otros hombres estudiosos, pero Edison tenía muy escasas noticias de los trabajos de aquéllos.

Lo que verdaderamente hubo de servirle de guía fué el invento de Sir Guillermo Crookes, ilustre hombre de ciencia inglés, quien, trabajando con otra intención muy distinta, descubrió los famosos tubos que llevan su nombre, que son unos tubos de cristal de los cuales se extrae el aire haciendo el vacío en su interior. Con sólo dar a estos tubos la forma de una pera, tuvo Edison el armazón, digámoslo así, de las lámparas eléctricas de incandescencia; pero le fué preciso inventar la manera de hacer llegar hasta ellas la corriente de modo que pueda apagarse cualquier número de lámparas sin que las otras se apaguen. Los sabios decían que esto era imposible, pero Edisón lo logró.

UN HILO QUE DIÓ AL MUNDO UNA NUEVA LUZ

Se le presentó en seguida el más importante de todos los problemas, cual era el hallar la materia más conveniente para construir el filamento. El carbono empleado en las lámparas de arco voltaico era demasiado grueso, y se quemaba demasiado pronto, y lo propio les ocurría a los construidos con otros metales, como el platino, por ejemplo.

Ensayó Edison una substancia tras otra, pero ninguna duraba arriba de diez minutos. Llevaba ya dedicados muchos meses a esta tarea, y había gastado ya más de 40.000 pesos oro sin el menor resultado, cuando un día decidió recurrir nuevamente al carbono y trató de carbonizar el algodón de coser. Y júzguese de su alegría cuando, al hacer pasar por él la corriente eléctrica, produjo el algodón una luz clara y brillante y ardió por espacio de cuarenta horas.

Quedó con esto sentado que el carbono era la materia más a propósito, pero le restaba averiguar cuál era la forma más conveniente en que debía empleársele; esto es, descubrir cuál podía ser la substancia que, convertida en carbón, diese mejores resultados para la lámpara de su invención.

Después de realizar miles de ensayos, recogió un día uno de esos abanicos hechos de una hoja de palma y observó que estaba atado con una tira de bambú desgajado. Cortó un trozo de este bambú, lo carbonizó y obtuvo al probarlo mejores resultados que nunca. Acto seguido comisionó a una persona para que fuese al Japón y le trajese bambú como aquél; pero, como no estaba seguro de que fuese aquélla la mejor calidad existente, dispuso que se practicasen investigaciones al efecto en el mundo entero.

DE CÓMO FUE REGISTRADO EL MUNDO ENTERO PARA BUSCAR UN TROZO DE BAMBÚ

Jamás se había practicado en el mundo un registro semejante. Partieron comisionados en todas direcciones con encargo de buscar yerbas, palmas y bambúes. Algunos recorrieron los inmensos territorios brasileños, atravesando millares de kilómetros de pantanos y eriales y ciénagas.

Otros registraron el resto del continente sudamericano, entre salvajes y fieras, y a través de distritos castigados por las fiebres y los más venenosos insectos, donde aves maravillosas lucen sus bellos colores y donde las luciérnagas, incomparablemente más bellas que todas las obras salidas de las manos de Edison, alumbran la obscuridad de la noche con sus mágicas fosforescencias.

Uno de estos emisarios, tras un espantoso viaje, encontró un bambú ideal; pero cuando regresó a su hogar estaba enfermo y había olvidado el lugar donde lo hallara. Se marchó de los talleres de Edison y jamás se ha vuelto a saber nada de él. El último emisario dió la vuelta al mundo entero buscando el precioso filamento, y regresó trayendo el bambú de mejor calidad; pero supo al llegar la noticia de que Edison había ya encontrado lo que necesitaba, en los bambúes del Japón.

MARAVILLOSOS INVENTOS DE ÉDISON

En el presente dibujo aparece el ilustre inventor rodeado de sus más admirables inventos. Empezando por la parte superior, y pasando de izquierda a derecha vemos el tranvía eléctrico, el megáfono para hablar entre buques en el mar el cinematógrafo la lámpara eléctrica, el automóvil eléctrico, el teléfono, el fonógrafo, el odoroscopio, para medir la intensidad de los olores, un instrumento para telegrafiar varios mensajes por un mismo alambre, una máquina de imprimir telegráfica, y una dínamo

Había ensayado ochenta clases diferentes de bambúes y 6.000 substancias diversas en total; y, de tan crecido número, sólo hubo cuatro que reuniesen las condiciones requeridas Los bambúes japoneses producen muy buenas fibras debajo de la corteza de la parte ya madura, y estas delgadas fibras, carbonizadas y hábilmente tratadas, fueron la materia usada durante los primeros nueve años de alumbrado eléctrico por el sistema Edison. Con ella se alumbraron las principales ciudades euro peas, si bien se han introducido mejoras importantísimas desde aquella época.

¿Y no ha padecido este hombre extraordinario ninguna decepción en su larga carrera?. Sí que las ha padecido, y muy grandes; pero ha tenido el valor suficiente para no desalentarse por ellas. Creyó que el mayor éxito pecuniario de su vida iba a ser la invención de un nuevo proceso para extraer el mineral de la tierra y de las rocas. El mineral existe en algunos lugares en cantidad tan escasa, que no compensa los gastos que hay que hacer para extraerlo. Edison inventó un procedimiento para triturar a máquina la primera materia y extraer de ella todo el hierro que contiene por medio de imanes.

UN MARAVILLOSO SISTEMA PARA TRITURAR MONTAÑAS

Se comenzaba elevando el mineral a gran altura y después de pasarlo por molinos trituradoras, se le hacía descender por entre imanes, los cuales atraían las partículas de hierro apartándolas al otro lado de una especie de pared divisoria, donde caían al suelo, mientras la escoria, sobre la cual no ejercían efecto alguno los imanes, seguía su camino hasta abajo por el lado opuesto de la expresada pared, y era luego apartada. Edison gastó en los ensayos casi toda su fortuna.

Todo prometía un gran éxito. El principio fundamental era magnífico; los métodos de trituración y separación admirables; Edison tenía el propósito de volar y triturar todos los montes que contuviesen mineral de hierro. Empleaba una aguja magnética que le revelaba al punto la existencia en las rocas de esta última substancia; y las montañas, después de pulverizadas y pasadas a través de sus molinos trituradores, serían convertidas en bloques de acero.

Cuando todos los preparativos estuvieron terminados y todo parecía prometer el éxito más risueño, las esperanzas del inventor quedaron de pronto frustradas. Al lado mismo de su instalación se descubrieron ricos depósitos de mineral de hierro, que podía ser tan fácilmente arrancado, y puesto en el mercado a un precio tan reducido, que los planes todos de Edison se vinieron a tierra con espantoso fracaso. Los trabajos tuvieron que ser suspendidos; y Edison perdió un capital en lo que, sin duda alguna, podemos calificar de uno de sus más importantes inventos. Su primer pensamiento fué pagar a los acreedores de la empresa, y luego volvió a trabajar nuevamente para reconstituir su perdida fortuna.

MANERA DE CONSTRUIR CASAS DE UNA SOLA PIEZA

Un problema que nadie ha resuelto aún es el de la construcción de casas baratas. Hace años emprendió Edison el de negocio de fabricar hormigón o cemento Portland, y posteriormente se dedicó a estudiar la manera de emplear este cemento en la construcción de casas de una sola pieza.

Hizo moldes inmensos en los cuales se vierte el cemento. Estos moldes tienen la forma de una casa con sus cuevas, aposentos, escaleras, paredes, terrado y todo, en una palabra, cuanto un edificio contiene, a excepción de las puertas y ventanas.

Una vez colocado el molde en la posición debida, se llena de cemento y se le deja que cuaje. El cemento se endurece en cuatro días. Entonces se retira el molde de hierro y queda formada la casa, a la que resta sólo colocarle las puertas y ventanas, y que vayan a concluirla los lamparistas, pintores, los decoradores, etc.

Se le coloca un techo de cemento y se tiene lo que Edison cree que es domicilio ideal, a prueba de agua. de fuego y de viento, capaz de durar mil años. Por este sistema pueden edificarse con notable rapidez casas en extremo baratas. La dificultad de, construir casas por poco dinero es un serio problema con el cual se tropieza en todos los países civilizados; y es posible que este nuevo invento de Edison resulte uno de los más beneficiosos para la humanidad, de todos los que ha producido su mente inagotable.

¿PUEDE SER ALMACENADA Y TRANSPORTADA DE UN LADO A OTRO LA ENERGIA ELÉCTRICA?

Viene por último el invento de su batería de acumuladores para almacenar electricidad. La gran desventaja de los automóviles eléctricos es que no pueden llevar consigo una carga de electricidad suficiente para efectuar grandes recorridos; la corriente se agota muy pronto y el vehículo queda, como es de suponerse, sin movimiento. Edison dedicó a dicho problema la misma energía que a los otros, a pesar de lo cual qué de fracaso en fracaso; pero cada uno de ellos le acercó un poco más a su resolución.

La batería de acumuladores perfectos no ha sido descubierta todavía, pero ha inventado una tan ventajosa, que presenta sobre las antiguas la misma superioridad que el gas sobre las bujías Si estas baterías de su invención llegan a perfeccionarse, como es de desear, no tendremos necesidad de más líneas aéreas de tranvías, ni de más ferrocarriles subterráneos que tan caros resultan; al paso que los ruidosos y malolientes automóviles de petróleo pronto resultarán anticuados.

Edison vivió hasta una edad muy avanzada, desplegando hasta el último instante una energía inquebrantable. En su laboratorio de Menlo Park, Nueva Jersey, en el período culminante de su inventiva, trabajaba con frecuencia hasta diez y nueve horas diarias, y aun a veces permanecía en su taller durante cinco o seis días seguidos, con sus noches, descabezando de cuando en cuando el sueño, por espacio de una hora, echado sobre un tablón o recostada la cabeza sobre la misma mesa de trabajo.

En este corto bosquejo de su vida no es posible consignar ni la mitad de los inventos de que la humanidad le es deudora, pues se cuentan por centenares. Acumuló una gran fortuna y labró la de muchas personas, facilitando trabajo al mismo tiempo a numerosos ejércitos de honrados y laboriosos obreros. El mundo entero se ha beneficiado de su talento, que es uno de los más brillantes ejemplos del valor que para la humanidad tiene el genio de los hombres ilustres.

ACERCA DEL AUTOR

Pedro Daniel Corrado nació el 9 de Mayo de 1961 en el distrito federal Buenos Aires, Argentina. Estudió en instituciones educativas salesianas, y se graduó en 1979 en el colegio Pio IX.

Posteriormente recibió el título de Ingeniero en Electrónica en el Instituto Tecnológico de Buenos Aires con diploma de honor en Julio de 1987.

Fundó una empresa de Tecnología en Información en 1991 llamada PATH Sociedad Anónima.

Desde el año 1998 trabaja con la tecnología de bases de datos Oracle, y sigue con gran dedicación la evolución del lenguaje Java, así como todo lo relacionado con los formatos de almacenamiento de información XML, y gestión de documentos con los productos Oracle Content Management.

www.ingramcontent.com/pod-product-compliance
Lightning Source LLC
Chambersburg PA
CBHW070331190526
45169CB00005B/1844